DE L'AMAUROSE

AU POINT DE VUE PRATIQUE.

Paris. — Imprimerie Gennés, rue Saint-Germain-des-Prés, 10.

DE

L'AMAUROSE

AU POINT DE VUE PRATIQUE,

PAR

Le Docteur PHILIBERT JOUOT,

MÉDECIN-OCULISTE DU BUREAU DE BIENFAISANCE DU SIXIÈME ARRONDISSEMENT.

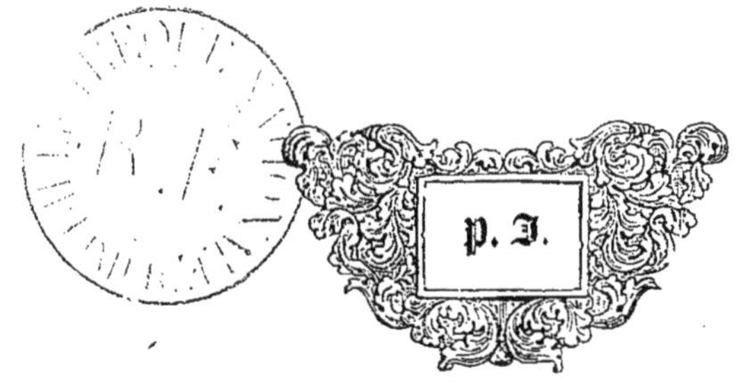

PARIS.

CHEZ L'AUTEUR,

49, RUE SAINT-DOMINIQUE-SAINT-GERMAIN,

ET CHEZ GERMÈRE-BAILLIÈRE, LIBRAIRE,

17, RUE DE L'ÉCOLE-DE-MÉDECINE.

—

1850

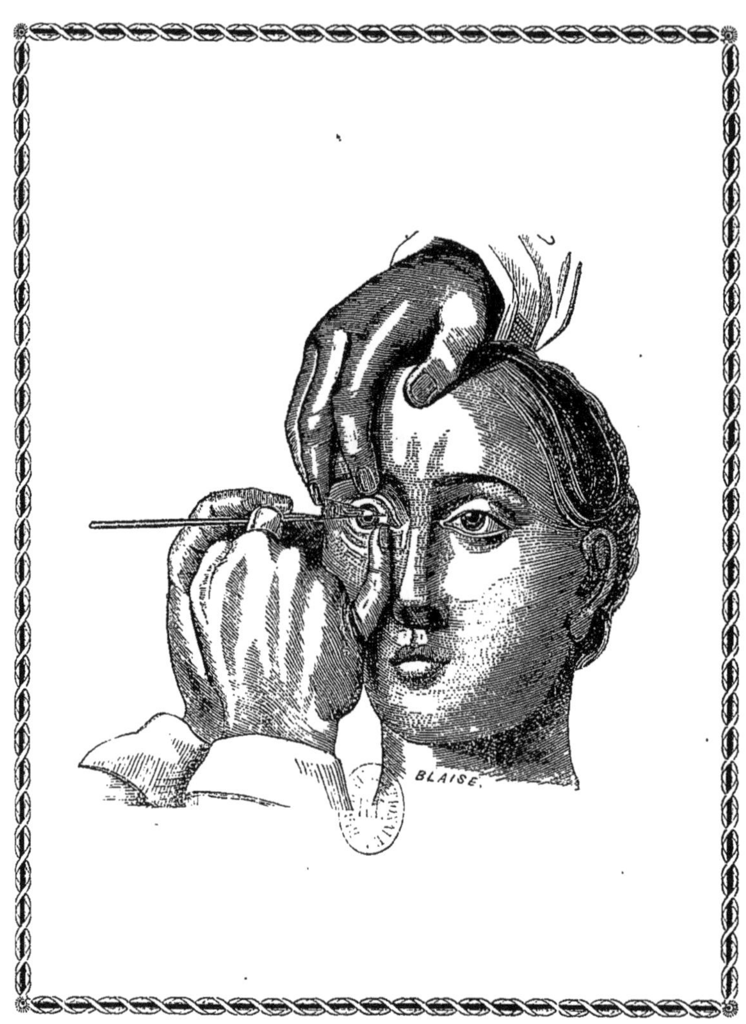

Extraction de la Cataracte.

PRÉFACE.

Principiis obsta, sero medicina paratur,
Cum mala per longas invaluere moras.

Qui ne connaît ces deux vers ? et cependant qu'il est petit le nombre de ceux qui en font leur profit !

Le naturaliste est saisi d'admiration en étudiant l'organisation de l'œil et les phénomènes de la vision. Quoi de plus merveilleux en effet ? notre système planétaire qui a plus de 1,500 millions d'étendue, ces milliards d'étoiles qui sont à des distances incalculables et qui viennent peindre leur image sur la rétine qui n'a que quelques lignes d'étendue ! Aussi le philosophe s'écrie-t-il dans son enthousiasme qu'une description exacte de l'œil équivaut à une démonstration mathématique de l'existence de Dieu. Mais pour le médecin-oculiste, chargé de veiller à la conservation d'un organe aussi important, la structure si déliée et la disposition si compliquée des diverses parties qui constituent l'appareil de la vision sont autant de raisons qui le font toujours trembler pour un danger de désorganisation.

Tout le monde convient qu'il vaut mieux perdre la vie que la vue ; pourtant, par une de ces mille inconséquences auxquelles l'homme est sujet, sa conduite est le plus souvent en contradiction avec ces principes. Combien n'avons-nous pas vu de personnes affectées de maladies qui compromettent même prochainement l'œil, préférer le soin de tout autre intérêt à celui de leur santé. Tous les jours nous avons à gémir sur la négligence des parents qui nous amènent leurs enfants quand la maladie a déjà causé de tels désordres dans l'œil, que nous n'avons plus qu'à constater la destruction de l'organe. Tout au plus s'est-on contenté de quelques moyens insignifiants ; et trop souvent, pendant qu'on s'endort sur la foi d'un remède inoffensif, si l'on veut, la maladie continuant ses progrès, amène des désordres irréparables dans l'œil. Et ici, que dirons-nous des médecins auxquels on a l'habitude de se confier d'abord, et quand il s'agit d'un organe dont l'étude seule des maladies suffit pour occuper tout le temps et toutes les facultés de l'homme le plus capable ?

Qui peut se flatter de posséder le génie universel ? Les faits parlent assez haut tous les jours. Contentons-nous de citer un exemple :

Un homme aussi éminent par son talent que par ses hautes vertus, ami et chirurgien de l'empereur, si grand praticien que ses ouvrages seront toujours le plus beau monument de la science, le baron Larrey, avait dans son service d'hôpital un officier de la légion polonaise chez lequel il crut reconnaître une amaurose asthénique, et qu'il soumit au traitement suivant : saignées générales répétées, sangsues, drastiques, vésicatoires, séton à la nuque, etc. Mais comme il y avait erreur de diagnostic, sous l'influence de ce traitement la maladie ne pouvait manquer de faire de très-grands et rapides progrès. Le malade nous fut amené par un docteur polonais de ses amis. Sa santé se trouvait détériorée, et l'état général de ses forces notablement affaibli; à peine pouvait-il se soutenir. Il nous dit avec découragement que sa vue n'avait fait que décroître de plus en plus depuis qu'il était en traitement. Les commémoratifs, l'examen des symptômes nous firent bientôt reconnaître l'erreur qui avait été commise. Il était évident que le grand chirurgien s'était trompé sur la forme de l'amaurose. Des moyens tout opposés, puisés entièrement dans la classe des toniques, en même temps qu'ils rétablirent la santé générale, amenèrent promptement du côté de la vue une telle amélioration, qu'elle dépasse de beaucoup les espérances du malade, et a remis la joie au cœur du brave militaire.

L'AMAUROSE

AU POINT DE VUE PRATIQUE.

> Ut alimenta sanis corporibus agricultura, sic
> sanitatem ægris medicina promittit.

L'*amaurose* ou *goutte sereine* consiste dans un affaiblissement notable ou la perte complète de la vue, sans altération apparente des milieux de l'œil. Cette affection est donc liée à une condition morbide d'une ou de plusieurs des parties nerveuses qui concourent à la formation de l'appareil optique; mais, ainsi que toutes les lésions des fonctions nerveuses, elle peut être le symptôme ou d'une affection de l'extrémité percevante du nerf, c'est-à-dire de la rétine, ou d'une affection du cordon conducteur, c'est-à-dire du nerf optique, ou d'une affection du cerveau, ou enfin elle peut être purement sympathique d'un organe plus ou moins éloigné. Nous distinguerions l'amaurose, quant à son siége, en amaurose vraie, essentielle, dépendant d'une affection de la rétine, en amaurose symptomatique et en amaurose sympathique; mais comme l'amaurose reconnaît des causes très-nombreuses, et que son traitement, considéré en général, ne peut être par conséquent établi sur une base unique, comme d'ailleurs ces causes, si variées qu'elles soient, se résument dans un effet tonique ou débilitant, nous les diviserons, quant à son traitement, seulement en amaurose sthénique et en amaurose asthénique.

Causes de l'Amaurose sthénique.

Toutes celles qui, directement ou indirectement, irritent la rétine, par exemple, pour les causes directes. les phlogoses oculaires, les épanchements intra-crâniens, les tubercules encéphaliques, les travaux opiniâtres du cabinet, les passions violentes, telles que la colère, l'habitude de l'ivresse, les contusions du crâne, et surtout celles du pourtour de l'orbite : *in vulneribus quæ supercilium aut paulo altius inferuntur, visus acies obtunditur* (Hipp.); les lésions des nerfs de la cinquième paire, les convulsions, les apoplexies du cerveau, la goutte, l'exposition habituelle de l'œil à une vive lumière, la contemplation d'objets très-petits et fortement éclairés, l'impression directe d'un éclair, de

la lumière du soleil, celle des rayons de cet astre reflétés par la neige, les corps blancs et brillants, l'usage
abusif des lentilles, des microscopes, des télescopes,
la pression du cristallin sur la rétine après l'opération
de la cataracte par abaissement.

Pour les causes indirectes, les diverses métastases,
la suppression de la transpiration cutanée, celle du
lait, celle de toutes les éruptions cutanées, aiguës ou
chroniques, la suppression des règles, du flux hémorrhoïdal, les vers intestinaux, et toutes les irritations
gastro-intestinales.

Causes de l'Amaurose asthénique.

Faiblesse de constitution, privation prolongée de la
lumière, mauvaise alimentation, habitation dans des
lieux malsains, pertes séminales fréquentes, la masturbation, le coït trop répété, pour le vieillard surtout,
les saignées abondantes, l'allaitement trop longtemps
prolongé, le jeûne, les chagrins, les inquiétudes vives, les frayeurs, la chlorose, certaines intoxications
(plomb, mercure, belladone, seigle ergoté, etc.), et,
pour ne pas passer sous silence quelques causes indéterminées, la syphilis, les scrofules, l'hérédité, la couleur foncée de l'iris, certaines idiosyncrasies qui disposent à des attaques d'amaurose passagère, par l'usage de certains aliments ou de certains médicaments.
Beer a cru remarquer que certaines personnes ne peuvent faire usage de chocolat, de bière, etc.

VARIÉTÉS ET SYMPTOMES.

L'invasion de l'amaurose, quelquefois subite au point que la cécité se déclare instantanément dans l'espace de quelques heures ou dans l'intervalle de quelques jours, est, le plus ordinairement, lente et graduelle, et ne s'établit qu'après quelques mois ou même quelques années. Dans ce cas, si l'amaurose est totale, le malade voit les objets comme plongés dans une obscurité uniforme; il perd peu à peu la faculté de distinguer les contours, les saillies qu'ils présentent; bientôt il ne voit plus ceux d'un petit volume; enfin il ne distingue plus que les couleurs les plus éclatantes, comme le blanc, puis il n'apprécie plus que les masses, et finit par perdre la faculté de distinguer même les ténèbres de la clarté du jour. Si l'amaurose est partielle, soit qu'elle doive conserver cette forme, soit qu'elle doive par la suite devenir totale, le malade voit les objets ou bien comme coupés en deux parties, dont une seule lui apparaît, ou bien il ne peut distinguer que leur centre, ou, au contraire, il n'en voit que la circonférence, de telle sorte que, quand il regarde sur son livre, il ne distingue que les lettres qui commencent et finissent un mot, mais point celles qui se trouvent au milieu. Quelquefois le malade perd la faculté de voir les objets dès que le soleil n'est plus sur l'horizon (héméralopie); d'autres fois, mais plus rarement, c'est seulement pendant la nuit que la vision peut s'exercer, ou il aperçoit les corps extérieurs comme recouverts de lignes droites, onduleuses, de rameaux, de réseaux, de bandes, de traits, de mouches, de taches grises, noires, blanches, lumineuses, rouges, vertes, violettes, rondes, ovalaires ; quelquefois encore il les aperçoit comme à travers un nuage de poussière ou au milieu d'éclairs sensibles même pour quelques médecins, qui en ont cité quelques cas (*Gazette médicale*, 1847), et qui ont attribué ce phénomène au chatoiement de la membrane hyaloïde. Ces taches, ces lignes, etc., sont fixes, c'est-à-dire qu'elles ne suivent que les mouvements de l'œil, se portent avec lui en bas, en haut, en dehors ou en dedans, restent toujours dans le même rapport avec l'axe visuel.

A ces symptômes, perçus seulement par le malade, il faut joindre ceux que le chirurgien peut reconnaître. La pupille reste ordinairement noire, fortement dilatée, et l'iris est immobile. Une précaution bien importante pour bien juger l'état de l'iris consiste à fermer les deux yeux, à passer légèrement le doigt sur la paupière de l'œil malade, et à l'ouvrir brusquement, l'autre œil restant fermé ; car il est d'observation que, lorsque l'un des deux est sain ou affecté moins complétement, l'influence de la lumière sur lui se propage par sympathie à l'iris de l'œil malade et en détermine les contractions.

La pupille, ainsi qu'il a été déjà dit, est ordinairement d'un beau noir, mais il n'est pas rare de la voir présenter une teinte blanchâtre, livide, quelquefois marbrée et comme nébuleuse. Quel que soit son aspect, cette teinte, qui dépend évidemment d'une coloration morbide de la rétine, toujours éloignée de la pupille, répond au fond de l'œil et présente ordinairement une forme concave ; souvent aussi la pupille, au lieu d'être dilatée et immobile, est immobile et resserrée, même à un très-haut degré.

Le diagnostic de l'amaurose avancée n'offre pas ordinairement de difficulté ; il n'en est pas de même lorsqu'elle est à son début. Les symptômes que nous venons d'énumérer suffisent, la plupart du temps, pour empêcher de la confondre avec une autre affection ; cependant il se présente certains cas pathologiques qu'il importe de connaître, pour ne pas commettre une erreur qui aurait des conséquences graves. La cataracte, le glaucôme, la mydriase, et l'immobilité de l'iris, déterminée par son adhérence à la capsule du cristallin, sont les principales maladies de l'œil que l'on peut confondre avec l'amaurose.

L'amaurotique, en général, recherche beaucoup de lumière ; il veut que l'objet soit fortement éclairé : le temps pendant lequel il distingue le mieux est le milieu du jour, tandis que c'est alors que le cataracté y voit plus mal. L'amaurose commençante est, le plus ordinairement, accompagnée de douleurs de tête, de vertiges, de troubles dans la digestion, etc.; rien de semblable n'existe dans la cataracte. Dans la cataracte commençante, l'opacité du cristallin est encore si faible, qu'on peut bien ne pas l'apercevoir ; il faut donc placer le malade dans l'obscurité, ou bien lui instiller dans l'œil une goutte d'une solution d'extrait de belladone. Comme l'opacité commence presque toujours par le centre, les rayons qui ne traversaient que difficilement la partie centrale iront frapper la rétine après la dilatation de la pupille ; mais, à mesure que la cataracte fait des progrès, les moyens de diagnostic deviennent plus nombreux. La teinte grisâtre du cristallin, que prend quelquefois la rétine dans l'amaurose, est beaucoup plus rapprochée de la pupille dans la cataracte, et située plus profondément dans celle-ci ; dans la cataracte, l'iris a conservé ses mouvements ; dans la goutte sereine, ils sont presque toujours abolis ou diminués ; dans l'une, le malade peut encore se servir de verres convexes ; dans l'autre, toute espèce de verre est inutile. L'œil affecté de cataracte a conservé le sentiment de son existence, l'œil amaurotique a perdu toute son expression ; le regard prend un air de stupeur, d'impassibilité et d'hébétude tout à fait caractéristique. Le cristallin peut prendre quelquefois une teinte noire et donner lieu à ce que l'on a appelé *cataracte noire* ; dans ce cas, l'expérience de Sanson suffirait pour empêcher toute erreur.

Quand le glaucôme est à son début, on pourrait aussi le confondre avec l'amaurose : dans l'un comme dans l'autre cas, la vue s'affaiblit graduellement, la pupille reste immobile et dilatée, mais bientôt l'humeur vitrée dans le glaucôme prend une teinte verdâtre qui, par ses progrès, ne laisse plus de doute sur la nature de la maladie. Il arrive souvent, chez les vieillards, que le reflet bleuâtre des vaisseaux variqueux de la choroïde traversant le cristallin, toujours légèrement jaunâtre à cette époque de la vie, il en résulte une teinte verte par le mélange de ces deux couleurs primitives : ce dernier cas seulement compliquerait le diagnostic.

La mydriase peut aussi donner lieu à une erreur de diagnostic : la pupille est tellement dilatée et immobile, la vue tellement affaiblie, qu'on pourrait bien croire qu'il existe une amaurose ; le moyen le plus simple de s'en assurer, c'est de créer une pupille artificielle plus en rapport avec la clarté de l'appartement. Si l'on place, par exemple, devant l'œil atteint d'une mydriase une feuille de papier noir au centre de laquelle est pratiquée une très-petite ouverture circulaire, le malade est tout étonné de pouvoir lire les caractères les plus fins.

Les fausses membranes qui partent de l'iris pour aller s'attacher à la capsule peuvent aussi simuler une amaurose incomplète en empêchant la contraction et la dilatation de la pupille. J'ai vu chez M. Blanchet un homme que plusieurs médecins avaient traité pour une amaurose ; ennuyé de n'éprouver aucune amélioration, après un traitement fort long, il se présenta à la clinique : l'on eut bientôt découvert que l'immobilité de l'iris tenait à de fausse membranes. Dans ce cas, il est bien rare que la pupille conserve sa forme circulaire, et il y a toujours eu antérieurement des inflammations répétées des membranes internes de l'œil.

Pour porter un pronostic, il faudra considérer l'ancienneté de la maladie, son mode de développement, son degré, sa cause, les traitements subis, les complications. L'amaurose est d'autant plus grave qu'elle est plus ancienne, qu'elle s'est développée plus lentement, parcourant progressivement toutes ses périodes, que l'insensibilité de la rétine est plus prononcée. Le changement de coloration de la pupille est d'un fâcheux augure : il annonce presque toujours une désorganisation plus ou moins avancée de la rétine. Le pronostic est encore aggravé par la déformation du point pupillaire, par la dilatation extrême de l'iris, de sorte que cette membrane semble ne plus exister, par l'insuccès des traitements antérieurs; compliquée de cataracte, l'amaurose est même incurable. Le pronostic sera moins fâcheux si la maladie est récente, peu avancée, si elle existe sur un adulte, si elle a été produite par une congestion cérébro-oculaire, par la disparition d'un flux hémorrhoïdal, menstruel, etc., si elle n'est que sympathique de l'affection de quelques viscères.

TRAITEMENT.

Quoique l'amaurose implique l'idée d'une paralysie complète ou incomplète de la rétine analogue à celle des membres, ce n'est pas à dire pour cela que cette absence de sentiment exprime toujours une anesthésie essentielle et réclame les stimulants. Un nerf enflammé est paralysé, c'est-à-dire qu'il ne transmet plus à l'encéphale les impressions qu'il reçoit, parce qu'il est gêné, souffrant, et ne peut fonctionner. Aussi la pulpe rétinienne pourra être totalement envahie par un travail phlogistique lent et destructeur, sans accuser la moindre douleur, puisqu'elle est un organe de sentiment; du moment qu'elle souffre dans tous ses points, elle ne peut exprimer sa souffrance; elle se trouve dans une inaction fonctionnelle complète par l'effet de la maladie. Il en est autrement quand une seule partie de la rétine est malade, le reste exprime l'état de souffrance, ainsi que cela s'observe dans les rétinites aiguës qui n'envahissent que partiellement cette membrane. Ce que je viens de dire pour la rétine a été prouvé également pour l'encéphale par M. Bellingieri. Lorsque toute la masse encéphalique est enflammée, cet état peut exister sans que le malade accuse la moindre céphalalgie; il y a plus, un pareil état morbide peut exister sans fièvre si la phlogose n'est pas très-intense. Voyez un fait remarquable de ce genre publié par **M**. Bellingieri (*Gazette médicale*, 1838). L'absence de fièvre dépend de la petitesse des vaisseaux de la partie enflammée, condition insuffisante à appeler une réaction du cœur. Aussi ne doit-on pas être étonné qu'une amaurose dépendant d'une subinflammation chronique de la rétine puisse exister sans douleur et sans fièvre ; il est même reconnu que cette espèce d'amaurose est la plus fréquente. Quelques personnes admettent une amaurose irritative ou dépendant d'une simple irritation nerveuse sans congestion ni phlogose : c'est une erreur. Les prétendues amauroses irritatives ne sont que des amauroses hypersthéniques qui cèdent au traitement antiphlogistique. Qu'est-ce, en effet, qu'une irritation pure de la substance d'un nerf? Les recherches des meilleurs pathologistes ont démontré que les prétendues irritations nerveuses essentielles ne sont que de véritables névrites ou névrilémites (la sciatique, par exemple).

Nous étions donc autorisé, quant à sa nature, à n'admettre que deux espèces d'amaurose : l'amaurose sthénique et l'amaurose asthénique.

L'amaurose sthénique se reconnaît aux caractères suivants : 1° elle s'observe le plus ordinairement chez les individus jeunes, robustes, replets, offrant des conditions de pléthore ou de congestion sanguine vers la tête, quoiqu'elle puisse aussi se rencontrer chez des sujets offrant des conditions entièrement opposées. « L'excitation s'accumule sur les organes par l'influence des modificateurs excitants, quoique la somme de vitalité générale soit très-diminuée, et cet état peut persister jusqu'au marasme et jusqu'à la mort. » (Broussais). 2° Le malade a éprouvé ou il éprouve actuellement de la myodipsie étincelante, des battements dans l'œil, et de l'éblouissement au grand jour. La vision, si elle n'est pas encore complétement éteinte, s'exerce mieux à l'ombre qu'au soleil, mieux avec une grande visière posée en éventail au sourcil qu'à découvert. La forte lumière artificielle est plutôt incommode, augmentation de ces symptômes après les repas copieux, l'insomnie. Ces caractères peuvent manquer dans quelques cas rares. 3° Le globe oculaire paraît sain, mais plutôt dur, trop plein, et quelquefois sensible au toucher. La conjonctive offre toujours quelques vaisseaux variqueux ; le fond de l'œil est noir, mais il présente quelquefois de légers brouillards. L'iris est ordinairement foncé, épais, convexe en avant ; cela dépend de la congestion générale de l'organe. Pupille étroite dans le début, plutôt large par la suite, mais de forme plutôt *régulière ;* sa motilité n'est pas toujours complétement anéantie.

Dans l'amaurose asthénique, on observe le contraire des caractères ci-dessus. Le mal existe sur des constitutions naturellement faibles ou affaiblies par des causes diverses. Il s'est déclaré lentement ou subitement, mais sans vision étincelante, sans photophobie. La forte lumière, les bons repas, l'excitation, en un mot, loin d'augmenter la cécité, soulagent la vue, si elle n'était pas complétement éteinte. A l'examen, l'œil

est plutôt mou, le fond en est très-noir ; générale-
ment pupille très-dilatée, peu sensible à la lumière ;
cette ouverture est irrégulière. Si la cécité est déjà ancienne, iris flasque et décoloré.

Dans l'amaurose hypersthénique, l'affaiblissement
de la vue, avons-nous dit, peut être brusquement
porté à un très-haut degré. *Forme aiguë.* Ce cas, d'une
gravité extrême, réclame un traitement antiphlogistique prompt et énergique, celui des ophthalmies aiguës.

Si l'œil est le siége de douleurs continues, s'il est
rouge, larmoyant, il faudra, en ayant égard à l'intensité de ces symptômes, à l'âge et à la force du malade,
pratiquer soit une ou plusieurs saignées générales du
bras, du pied, de la jugulaire, soit même de la section
de l'artère temporale ; des affusions froides seront
faites sur le front et les tempes, des purgatifs drastiques employés ; et, lorsque ces moyens auront calmé
la plus grande intensité des symptômes, ou lorsque
ceux-ci ne sont pas primitivement très-aigus, appliquer à plusieurs reprises, derrière l'oreille, un nombre
convenable de sangsues ou de ventouses scarifiées. En
même temps, le malade sera mis à l'usage des pédiluves irritants, des boissons délayantes, et d'un régime
non excitant. On donnera le calomel à dose purgative
assez souvent répété, aussitôt que les symptômes con-
gestifs auront disparu ; on appliquera des vésicatoires
volants sur le front et les tempes, autour de l'orbite.
Ces derniers moyens devront être immédiatement
abandonnés au moindre signe de retour de la congestion, et remplacés par de nouvelles émissions sangui-

nes toujours proportionnées à la force du malade et au degré de la maladie. Aussi longtemps donc que l'affection paraîtra revêtir quelque caractère aigu, on devra la combattre par un traitement antiphlogistique sagement administré.

S'il s'agit de la *forme chronique*, le traitement énergique impérieusement réclamé par la forme aiguë serait inopportun, et même dangereux, dans la forme chronique. Dans celle-ci, la guérison est une chimère qu'il faut éviter de poursuivre par des moyens violents. Dans le traitement de ces deux degrés d'une même affection, le praticien devra imiter en quelque sorte la marche du mal, c'est-à-dire qu'il se montrera aussi patient et prudent dans la forme chronique que prompt et hardi dans la forme aiguë, parce que, dans cette affection, dont la thérapeutique est si difficile à manier, l'imprudence du médecin peut à jamais plonger le malade dans une cécité incurable. En un mot, pour la forme aiguë, un traitement rapide et énergique ; mais une thérapeutique sage et modérée dans la forme chronique.

Il ne s'agit plus ici que d'un affaiblissement progressif de la vue accompagné seulement, de temps à autre, de récidives d'une congestion cérébro-oculaire. Le but essentiel du médecin doit toujours être, il est vrai, de combattre le symptôme principal, la congestion ; mais il importe avant tout de rechercher et faire disparaître, s'il est possible, les causes de la maladie, et traiter les complications qui pourraient exister, enfin ramener l'économie à son état normal avant de traiter l'état local; ainsi rappeler les suppressions des règles, du flux hémorrhoïdal. Dans le cas, par exemple, de l'amaurose que l'on croit liée à une affection du cœur (hypertrophie), on aura recours aux moyens capables de calmer et de régulariser les troubles de l'organe central de la circulation. Pour les motifs que nous avons exposés dans le paragraphe précédent, on évitera soigneusement, même pendant les exacerbations de la maladie, de pratiquer de larges saignées. Ce moyen ne manquerait pas de produire un effet opposé à celui qu'on rechercherait. S'il s'agit d'une suppression d'hémorrhoïdes, on fera appliquer régulièrement quelques sangsues à l'anus (5 ou 6 pour un individu assez fort) toutes les deux, trois ou quatre semaines. On prescrira souvent des purgatifs à doses fractionnées; des pilules contenant chacune une faible quantité d'aloès et de soufre sublimé seront données au malade matin et soir. Le traitement général devra donc varier selon la cause qui produit l'affection oculaire : ainsi les anthelmintiques, chez les vermineux; les emménagogues, chez les femmes mal réglées. Quant au traitement local, il consistera à éloigner tout ce qui pourrait contribuer à entretenir la congestion de l'organe. De fréquentes fomentations d'eau froide sur le front et les tempes, et même sur les yeux; on lui recommandera en outre des onctions mercurielles autour de l'orbite, et on ne manquera pas de lui faire porter des lunettes plus ou moins légèrement teintées et garnies de soie sur les bords.

Lorsque l'amaurose se présente bien évidemment avec les caractères d'asthénie, que l'œil, par exemple, se trouve dans un état de torpeur bien marqué, sans photophobie, que le malade ne présente aucun signe de congestion, que l'action des stimulants sur l'économie produit une amélioration de la vue (repas copieux, usage d'un vin généreux), que cette espèce d'amaurose se rencontre chez un sujet affaibli par l'âge ou épuisé par diverses causes, qu'il n'y a aucun sentiment de plénitude ou de pesanteur dans l'œil, elle réclame un traitement tout opposé, et dont les toniques généraux et les stimulants locaux devront former la base. Les meilleures conditions hygiéniques, les bains sulfureux, les amers, les ferrugineux, le sulfate de quinine (Dr Blanchet), la valériane, l'arnica, l'extrait de pulsatille, de clématite, le camphre, le musc, et, pour les moyens locaux, l'exposition de l'œil à une lumière graduellement plus vive. Richter veut même qu'on l'expose à la lumière du soleil; en même temps, on stimulera directement la rétine par l'usage des collyres excitants, les vapeurs stimulantes dirigées sur l'œil (ammoniaque, baume de Fioraventi, etc.), les vésicatoires volants appliqués particulièrement sur les tempes, alternant avec les emplâtres de ciguë, soit employée en frictions sur le front, la strychnine soit par la méthode endermique, soit en teinture; la cautérisation sincipitale; persévérer dans l'emploi de ces moyens, des vésicatoires surtout, dont on n'obtient de succès quelquefois qu'après en avoir appliqué trente ou quarante. Nous ne conseillerons pas l'électricité et le galvanisme, qui ont été abandonnés à bon droit.

Donnerons-nous la thérapeutique de tous les cas qui sont soumis à quelques causes spéciales? Il suffit de connaître la cause, les indications se présentent d'elles-mêmes. Ainsi Weller a réussi complétement au moyen de l'*asa fœtida*, dans un cas d'amaurose *hystérique*, et l'on connaît les beaux cas de succès de M. Blaud dans l'amaurose chlorotique. Evidemment, dans le cas de complication de syphilis, on ne manquera pas d'employer un traitement approprié.

Quelques médications particulières ont été mises en usage : Scarpa et Richter insistaient pendant longtemps sur l'emploi des émétiques ; Lawrence dit avoir obtenu d'heureux résultats du mercure porté jusqu'à la salivation. Quels qu'aient été le mode d'action et les succès de ces moyens, l'on ne devra y avoir recours que quand on a échoué complétement par une médication rationnelle. Il est du reste un principe que le médecin ne doit jamais oublier, c'est de n'abandonner jamais la méthode de traitement adoptée qu'après avoir insisté longtemps sur son emploi. Dans l'amaurose, comme dans toutes les maladies chroniques, ce n'est que par une longue persévérance, tant du médecin que du malade, que l'on peut vaincre la maladie ; mais souvent, et nous ne devons pas nous le dissimuler, malgré la thérapeutique la plus rationnelle, le mal résiste. Il faut alors se résoudre à commencer un traitement quelquefois directement opposé au premier.

Nous donnerons ici quelques observations que nous avons suivies et que nous croyons pouvoir servir de types de nos deux classes d'amauroses.

OBSERVATIONS.

I. — Le 2 mai 1848, le nommé Pape, âgé de quarante ans, peintre-doreur sur porcelaine, se présente à ma clinique, atteint d'un affaiblissement de la vue qui ne lui permet plus de voir que les objets d'un certain volume et fortement éclairés; ses yeux sont ternes; la pupille, dilatée du côté droit, offre en outre une légère teinte grisâtre profonde, que nous ne pouvons, après avoir fait les expériences diagnostiques de l'amaurose, attribuer qu'à une dégénérescence du pigmentum; l'iris est à l'état normal, mais très-lent dans les mouvements qu'il conserve encore. Il se plaint de voir incessamment voltiger des mouches nombreuses, qui le fatiguent beaucoup; en même temps il éprouve des bourdonnements dans l'oreille droite; sa constitution, normalement lymphatique, est affaiblie, et son moral très-affecté. Il résulte de ses renseignements qu'il y a environ six semaines qu'il

s'est aperçu du commencement de cette affection,
pour laquelle il a consulté un médecin qui lui a prescrit des applications de sangsues, de ventouses répétées à la nuque et aux tempes, enfin des purgatifs. Tous
ces moyens, loin d'enrayer la maladie, n'ont fait que
d'aggraver le mal.

Après l'examen de tous ces symptômes, il est facile
de porter le diagnostic d'une amaurose *asthénique*, et
quoique la pupille soit très-rétrécie, ce qui s'explique
par l'habitude qu'ont ces ouvriers de fixer des objets
très-petits et très-brillants. Prenant en considération
les symptômes et l'état d'émaciation dans lequel se
trouve le malade, je lui prescris l'emploi des toniques,
des ferrugineux, et du sulfate de quinine, que je fais
prendre à la dose de 0,35 centigrammes par jour; en
outre, comme moyens locaux, je lui ordonne l'application aux tempes de vésicatoires volants et d'emplâtres de ciguë alternativement, puis des frictions sur le
front avec la teinture alcoolique de noix vomique. —
24 juin. La médecine précédente a produit les résultats les plus satisfaisants. Le malade a repris un peu
de forces, d'embonpoint, et quoique l'amélioration
ne soit pas très-notable, la maladie, au moins, a cessé
de faire des progrès. Continuation du même traitement. — 1ᵉʳ juillet. Le malade accuse une diminution
subite de la vue, avec de violents maux de tête, qu'il
attribue, du reste, lui-même aux inquiétudes que lui

ont causées les événements de juin. Malgré cela , on persiste dans l'emploi des mêmes moyens, que l'on varie quant au mode d'application. — 1ᵉʳ septembre. Le malade éprouve un mieux notable, les douleurs ont disparu; il ne se plaint plus que des jours de pluie et de brouillard, qui lui occasionnent les symptômes de l'invasion de l'affection. La pupille est plus sensible à la lumière, quoique conservant un reste de lenteur; lorsque le temps est clair, il peut lire ; la vision des mouches le fatigue moins du côté droit. Il est en convalescence; seulement, pour combattre la constipation produite par l'usage des ferrugineux, il prend de temps à autre des purgatifs. Continuation du même traitement. — 26 janvier 1849. Le malade a pu depuis huit jours reprendre ses travaux aux jours sereins, car, dans les jours nébuleux, la vue de mouches l'empêche de le continuer.

II. — Le 5 décembre 1848, la nommée Rose Fixe, âgée de vingt-deux ans, piqueuse de bottines, se présente avec une cécité presque complète, datant de quinze jours environ. Cette malade se plaint de violents maux de tête datant dès le début, de vision d'éclairs et déblouissements, de l'impression pénible que lui cause la lumière du soleil, les objets affectant pour elle les formes les plus bizarres; venue récemment de la campagne et douée d'une forte constitution, elle ne sait à quoi attribuer cette maladie, cependant elle est portée à croire que la lumière vive du gaz en est la cause. La pupille est très-contractée et conserve peu de motilité, elle recherche le demi-jour; rien d'appréciable du reste dans les milieux de l'œil; la menstruation est régulière et normale.

On prescrit une application de sangsues derrière l'oreille, les pédiluves sinapisés, l'application de lunettes légèrement teintées et garnies sur les bords, la promenade, nourriture légère, purgatifs salins et drastiques. — Le 8 janvier 1849. Tous les symptômes ont cessé, la malade peut reprendre ses travaux et n'éprouve plus d'accidents que lorsqu'elle prolonge trop les veilles. On se borne à prescrire des mesures hygiéniques et de précaution.